生物技术科普绘本
生物制造卷

奇妙的世界 生物制造界

新叶的神奇之旅 Ⅲ

中国生物技术发展中心　**编著**

科学顾问　谭天伟

科学普及出版社
·北　京·

人物介绍

团团

学　名：胰岛β细胞

简　介：胰岛细胞的一种，能分泌胰岛素，有调节血糖含量的作用。如果胰岛β细胞功能受损，会导致胰岛素分泌绝对或相对不足，从而引发糖尿病。

乐乐

学　名：正常组织细胞

简　介：组织细胞是人体结构和生理功能的基本单位。除成熟的红细胞和血小板外，所有细胞都至少有一个调节细胞生命活动、分裂、分化，遗传、变异的细胞核。

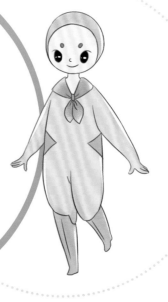

糖姐姐

学　名: 血糖

简　介: 血液中的葡萄糖称为血糖。葡萄糖是人体的重要组成成分，也是能量的重要来源。血糖是诊断糖尿病的重要指标，一般情况下，当随机血糖或餐后 2 小时血糖 >11.1 毫摩尔每升时，可诊断为糖尿病。

聪聪

学　名: 狗胰岛素

简　介: 从狗的胰岛中发现并提取的一种具有降低血糖作用的物质，是最早被提取的胰岛素。

奔奔

学　名: 牛胰岛素

简　介: 牛胰脏中胰岛 β 细胞所分泌的一种调节糖代谢的蛋白质激素，是一种多肽。我国是第一个人工合成牛胰岛素的国家。

圆圆

学　名：猪胰岛素

简　介：从猪胰腺提取出来的，分子中仅有一个氨基酸与人胰岛素不同。因此，降糖作用比牛胰岛素好，副作用也比牛胰岛素小。国产胰岛素多是猪胰岛素。

魔幻手环

学　名：质粒

简　介：能够根据不同的需求进行功能改造的五彩手环。利用基因剪刀（限制性内切酶）和胶水（DNA连接酶）将对应的芯片密码（基因信息）植入手环，能使微生物细胞工厂高效发挥改造后的功能。

妙妙

学　名: 人工合成胰岛素

简　介: 人工合成胰岛素是利用基因重组技术生产出来的，与天然胰岛素具有相同的结构和功能；可调节糖代谢，促进肝脏、骨骼和脂肪组织对葡萄糖的摄取和利用，促进葡萄糖转化为糖原贮存于肌肉和肝脏内，并抑制糖原异生。

散散

学　名: 肿瘤细胞

简　介: 肿瘤细胞是一种变异的细胞，是产生癌症的病源。肿瘤细胞与正常细胞不同，有无限增殖、可转化和易转移的三大特点，能够无限增殖并破坏正常的细胞组织。

希希

学　名：β-榄香烯

简　介：一种抗肿瘤药物。主要功能是抑制肿瘤细胞生长，促进肿瘤细胞凋亡，在临床上可用于各种恶性肿瘤的治疗；同时适用于合并放化疗，可以增强疗效，降低毒副作用。

微微

学　名：纤维蛋白

简　介：一种高度不溶的蛋白质多聚体，多存在于血液中；具有凝血和止血的功能。

豆豆

学　名：纳豆激酶

简　介：由枯草芽孢杆菌分泌生成的、具有高效溶栓效果的纤维蛋白酶，又叫枯草菌蛋白酶，具有溶解血栓、降低血液黏度、改善血液循环、软化血管和增加血管弹性等作用。

YY

学　名：枯草芽孢杆菌

简　介：枯草芽孢杆菌是芽孢杆菌属的一种革兰氏阳性菌，通常呈椭圆到柱状，无荚膜，周生鞭毛，能运动。枯草芽孢杆菌细胞工厂已被广泛用于生产工业酶、维生素、功能糖及药物前体等目标产物，表现出了强大的工业生产应用能力。

链链

学　名：肺炎链球菌

简　介：一种致病细菌，成双或成短链状排列的一种双球致病菌。通常感染患者肺部，导致咳嗽、发热等症状。肺炎链球菌极少对青霉素类抗生素产生耐药性。

小B

学　名：B淋巴细胞（B细胞）

武　器：抗体炮弹发射臂

简　介：在接收到敌人的抗原信号后，可以发射抗体炮弹辅助其他免疫细胞战士，在清除病毒、肿瘤方面可发挥重要作用。它是人体防御部队中的炮兵。

青青

学　名：青霉素

简　介：人类最早发现的一种抗生素，从青霉菌培养液中提取而来，能够破坏细菌的细胞壁，抑制细菌的大量繁殖，具有高效、低毒、临床应用广泛等特点。青霉素的发现标志着抗生素纪元即化学治疗的黄金时代的开始。

伞伞

学　名：青霉菌

简　介：菌落通常呈蓝绿色，偶尔有白色或绿色，菌落表面与天鹅绒毛类似。大部分青霉菌不会直接导致人类生病，但可引起食物、药物等发霉变质，误食会导致急性中毒。其分泌的广谱抗菌药物——青霉素，既可杀灭病菌，又不损伤人体细胞。

目录

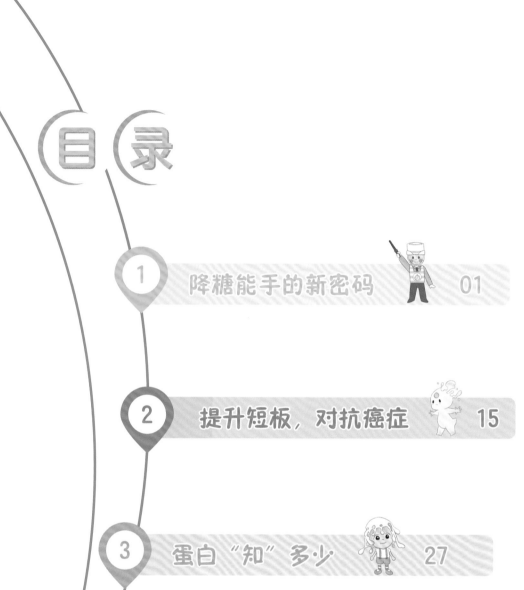

1. 降糖能手的新密码

文/彭宇佳　姜　岷

图/赵义文　胡晓露　纪小红

疲惫不堪的胰岛

胰 腺

胰岛

——团团
（胰岛β细胞）

李叔叔、谭爷爷和新叶一起参加聚会吃饭，李叔叔表示自己患有糖尿病，不能吃拔丝地瓜，新叶觉得好可惜呀！为了弄清楚糖尿病的发病原因，谭爷爷带着新叶来到李叔叔的胰腺里，看到一个细胞在叹息。于是，新叶便走到它面前了解情况。

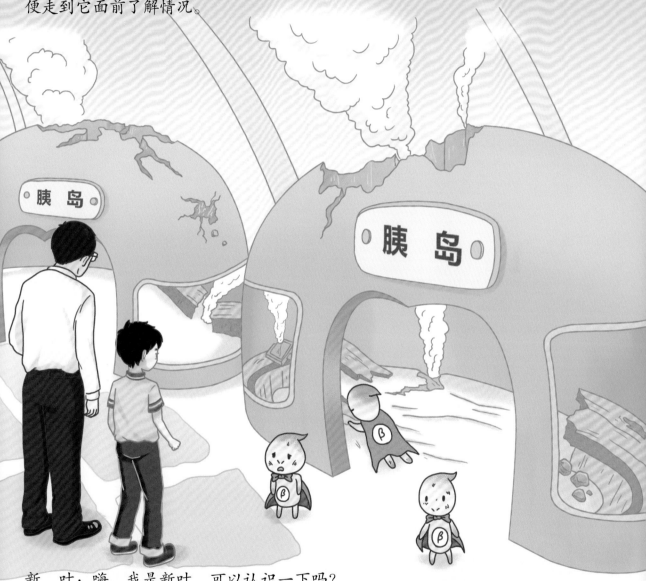

新　　叶：嗨，我是新叶，可以认识一下吗？

团　　团：我叫团团，是生活在胰腺里的胰岛 β 细胞。

谭爷爷：团团能够分泌胰岛素，调节人体内的血糖水平。

新　　叶：它们为什么喊累啊？

谭爷爷：因为李叔叔的胰腺功能障碍，导致团团减少。尽管团团拼命地工
　　　　作，但是胰岛素的产量还是很低。

糟糕！交通崩溃！

　　新叶又跟随谭爷爷来到血管，在纵横交错的血管里，看到糖姐姐开着车被堵在路上，无法前进。

糖姐姐，我们在这里啊，快来快来，这里工作需要你！

——乐乐（正常组织细胞）

——糖姐姐（血糖）

新　叶：糖姐姐，你们怎么堵在这里了？

糖姐姐：没有人来指挥交通，我们只能堵在这里了。

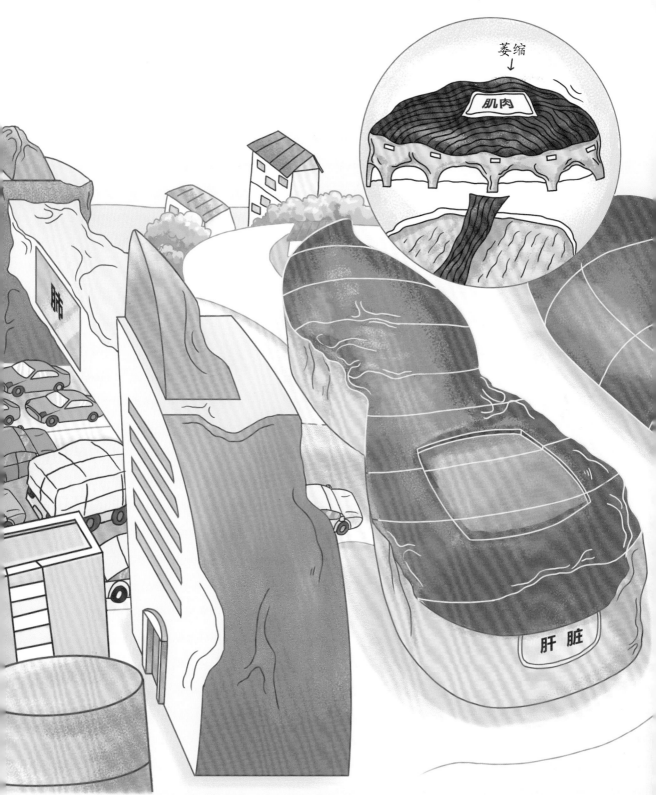

谭爷爷：胰岛素能指挥糖姐姐和伙伴们进入细胞提供能量，还能抑制糖原的分解和糖原异生。糖尿病患者分泌的胰岛素不足或胰岛素作用效果减弱，就会使糖姐姐们在血管中积聚。

突然，有一支大针头伸进血管，从针头里跑出大量各种各样的胰岛素。

肺

聪聪
（狗胰岛素）

圆圆
（猪胰岛素）

奔奔
（牛胰岛素）

新　叶：谭爷爷，它们长得都很像，各自的本领是什么呀？

谭爷爷：它们的本领都很强，都能调节血糖，帮助糖姐姐找到合适的器官发
　　　　挥作用。但是人体注射胰岛素以后，容易发生免疫反应，导致注射
　　　　部位皮下脂肪发生萎缩或增生，产生过敏反应，出现胰岛素抵抗。

我是聪聪，来自狗狗的胰腺。我是最早被提取出来的胰岛素，也因此确认了胰岛素可用于治疗糖尿病。

你们好！我是新叶。

你好，我是圆圆，来自胖猪猪的胰腺。我的家族更加庞大。

你好，我是奔奔，来自壮牛牛的胰腺。我是在聪聪和圆圆之后被应用的。

新　叶：那该怎么办呢？

谭爷爷：没关系，这个芯片可以帮助患者！

新　叶：谭爷爷，这是什么，它有什么神奇之处？

谭爷爷：这个芯片存储着胰岛素的编码信息，芯片被植入魔幻手环后，就能发挥功能啦！走吧，我们去实验室一探究竟。

谭爷爷带着新叶来到实验室，看到科学家正在对魔幻手环进行改造。

新　叶：谭爷爷，科学家是怎么改造魔幻手环的呀？

谭爷爷：他们首先分析得到能产生胰岛素的密码，并将其存储在芯片里；然后用限制性内切酶识别魔幻手环的特定位点，切开一个切口；最后把芯片植入这个切口处，用DNA连接酶将芯片和手环接合起来。

1. 用限制性内切酶将一个魔幻手环切断

2. 拿出圆柱形芯片

谭爷爷：丑丑，你来得正好，快试试刚刚研制的升级版手环。

丑　丑：谭爷爷，手环上怎么多了一块芯片呢，它是什么呀？

新　叶：这我知道，它是存储着能扩大胰岛素产量的密码的芯片。

丑　丑：真的吗？好新奇，我试一下。

谭爷爷：这样，丑丑就可以生产胰岛素了。

新　叶：快带我去看看吧！

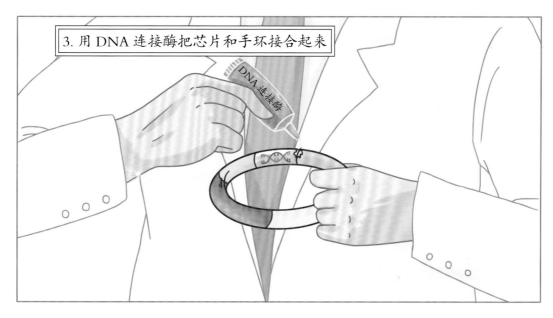

3. 用 DNA 连接酶把芯片和手环接合起来

4. 谭爷爷给丑丑带上重组的魔幻手环

丑丑
（大肠埃希氏菌）

带上魔幻手环的丑丑

丑　丑：哇，真的！我能生产出这么多胰岛素啊！

谭爷爷：这就是你的新本领！芯片内含有能够产生大量胰岛素的密码，你
　　　　带上了手环，就拥有了生产大量胰岛素的新本领。

新　叶：谭爷爷，这些胰岛素跟团团分泌的胰岛素有什么不同？

谭爷爷：它们在体内能被很快吸收，快速发挥作用，而且不易引发过敏，生物活性高。妙妙，你有这么多的优点，快带着你的指挥小分队去岗位上工作吧！

妙　妙：放心吧，交给我们！

糖姐姐的通畅出行

众多"小交警"妙妙从细胞工厂里出来，分散到各处血管，迅速投入紧张的工作。它们一脸认真，干劲十足。

大家都打起精神，加油啊！

新　叶：谭爷爷，妙妙怎么这么厉害，一下就解决了问题？

谭爷爷：妙妙集多种优点于一身，可以迅速到达全身各处投入工作，指挥着糖姐姐和她的伙伴们，从拥堵的血管进入全身各处的器官，为细胞提供能量。

　　基因工程又称基因拼接技术、DNA 重组技术，是以分子遗传学为理论基础，以分子生物学和微生物学的现代方法为手段，将不同来源的基因按预先设计的蓝图，在体外构建新的 DNA 分子，然后导入活细胞，以改变生物原有的遗传特性、获得新品种、生产新产品的遗传技术。

2. 提升短板，对抗癌症

文/董维亮 钱秀娟

图/赵义文 胡晓露 朱航月

无限增殖的癌细胞

谭爷爷和新叶乘着纳米飞船来到了癌症患者的体内，一路上新叶发现这里的许多组织细胞都发生了改变。

新　叶：谭爷爷，那些和组织细胞长得很像的小恶魔是什么啊？

谭爷爷：它们是被肿瘤细胞感染的正常组织细胞。

散散
（肿瘤细胞）

新　叶：正常组织细胞被肿瘤细胞感染之后，是不是就不能正常工作了？

谭爷爷：是的，正常组织细胞一旦被肿瘤细胞感染，就会变成肿瘤细胞。
　　　　这些肿瘤细胞不仅会感染其他细胞，还能无限增殖。当这些细胞
　　　　积累到一定程度，就会发生癌症。

新　叶：那怎么治疗癌症啊？

谭爷爷：放疗和化疗是癌症治疗的最常见方法，我们一起去看看吧！

被癌细胞侵染的组织细胞

不分敌我的放化疗

　　谭爷爷带着新叶来到了化疗患者体内，发现很多细胞都受伤了，甚至死亡了。

谭爷爷：化疗主要通过化学药物杀死肿瘤细胞来治疗癌症，但同时也会杀死正常组织细胞，让患者出现恶心、呕吐、乏力等不良反应。

新　叶：谭爷爷，我们再去放疗患者体内看看吧。

谭爷爷：放疗主要通过电离辐射杀死肿瘤细胞，同时对正常组织细胞也有伤害。副作用表现为照射部位和周围都会非常难受，放疗的剂量越大，副反应就越重。化疗和放疗的副反应都有累积效应，化疗的次数越多或者放疗的时间越久，副反应也会不断加重。

新　叶：有没有比较好的方法来帮助这些癌症患者啊？

谭爷爷：一些温和无害的天然活性物质如β-榄香稀，可以帮助他们重获新生。

放疗

安全的抗癌药物：β-榄香烯

谭爷爷带着新叶来到使用过β-榄香烯药物的患者体内。

新　叶：谭爷爷，怎么这一次正常组织细胞没有受到伤害啊？

谭爷爷：这次使用的抗癌药物是β-榄香烯，它们是从姜科植物温郁金中提取的有效抗癌成分。它只对肿瘤细胞有较强的毒性作用，对正常组织细胞影响较小。它们的应用范围很广，对肺癌、肝癌、食道癌等都有治疗作用。

新　叶：这么神奇的药物怎么没有大规模使用呢?

谭爷爷：我们一起去制药工厂看看，你就知道原因了。

—希希（β-榄香烯）

珍贵的 β-榄香稀

谭爷爷把新叶带到制药工厂，看到许多先进的仪器正在工作。

谭爷爷：新叶，你看！这些是用来提取 β-榄香烯的机器。

新　叶：谭爷爷，我看到放进去那么多原料，为什么出来的产物却很少呢？

温郁金

谭爷爷：β-榄香烯在植物中的含量很低，而且现在的提取、纯化技术不成熟，导致提取率很低（只有5%~7%）。这样不仅浪费资源，还会造成环境污染。现在，科学家通过合成生物学技术，利用微生物细胞工厂来人工合成β-榄香稀，能实现更高的产量呢。

新　叶：那快带我去看一看吧。

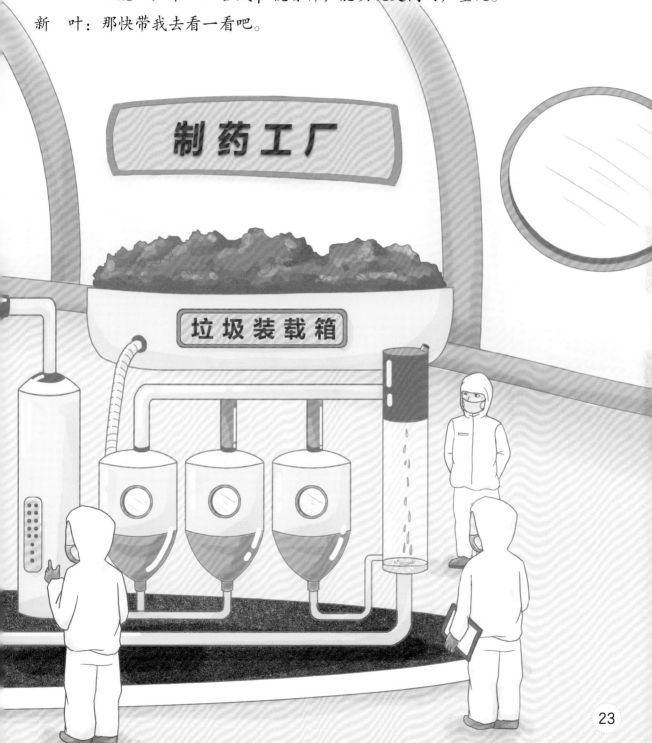

万能的细胞工厂

限制性内切酶

DNA 连接酶

重组基因信息

将合成 β-榄香烯的基因信息装载在芯片上

将基因芯片连接到魔幻手环上

新　叶：谭爷爷，微生物细胞工厂是怎么生产 β-榄香烯的？

谭爷爷：首先把限制性内切酶、DNA 连接酶以及指导微生物合成 β-榄香烯前体的基因信息都装载到芯片上；然后把芯片植入酵母菌体内，对酵母菌进行基因改造，改造后的酵母菌就可以生产 β-榄香烯了。

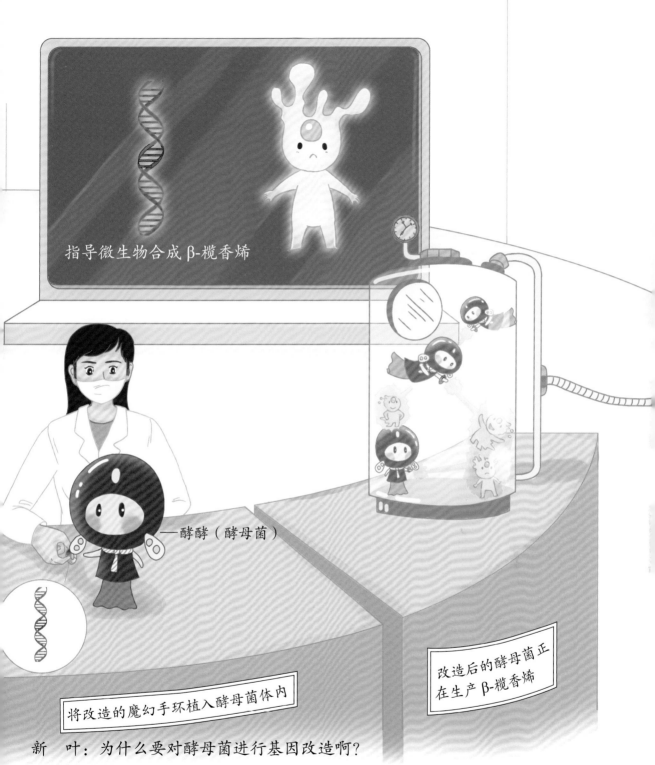

指导微生物合成 β-榄香烯

——酵酵（酵母菌）

将改造的魔幻手环植入酵母菌体内

改造后的酵母菌正在生产 β-榄香烯

新　叶：为什么要对酵母菌进行基因改造啊？

谭爷爷：原始酵母菌不能产生 β-榄香烯，只有经过改造的酵母菌，才能产生 β-榄香烯。这样既可以实现 β-榄香烯的高产，又不会造成浪费和环境污染。

科普小讲堂

　　细胞工程是指根据人们的需求在细胞水平上进行遗传操作、重组细胞结构和内含物，以改变生物的结构和功能。相比于大肠埃希氏菌，酵母菌细胞工厂表达系统的正确折叠和蛋白质修饰能力更强，在细胞工程领域得到了广泛关注，成为合成重组蛋白、生物可再生化学物质的高效细胞工厂。

3. 蛋白 "知" 多少

文 / 张泽华　夏小乐

图 / 赵义文　胡晓露　朱航月

交通拥挤的血管

　　谭爷爷带新叶来到医院，看到许多患者行动不便，这是因为他们患了血栓性疾病。为了探索这种疾病的发病原因，他们乘坐纳米飞船来到患者的血管中，看到血管内部堵塞，血液流动不通畅。

新　叶：谭爷爷，血管为什么会堵塞啊？

谭爷爷：因为血液中的各种成分黏附在血管壁上形成粥样的斑块，从而使血液循环系统交通堵塞。这类疾病的患者都会行动迟缓，说话不利索。

新　叶：那怎么才能帮助他们呢？

谭爷爷：这就需要纳豆激酶来施展才华了。走，我带你去纳豆激酶生产车
　　　　间看看。

纳豆激酶的生产

丝氨酸 NH₂

HO

O

OH

丙氨酸 O

H₃C

OH

NH₂

儿子

豆豆（纳豆激酶）

限制性内切酶

DNA连接酶

富宁合成纳豆激酶

基因编辑

载体重构

新　叶：谭爷爷，魔幻手环有什么作用呢？

谭爷爷：科学家通过基因改造技术强化纳豆激酶的性能，然后将整套生产
　　　　工具存储在芯片中，再借助枯草芽孢杆菌细胞工厂生产纳豆激酶。

新　叶：哇！好厉害，细胞工厂是如何生产纳豆激酶的呢？

谭爷爷：走，我带你去参观参观。

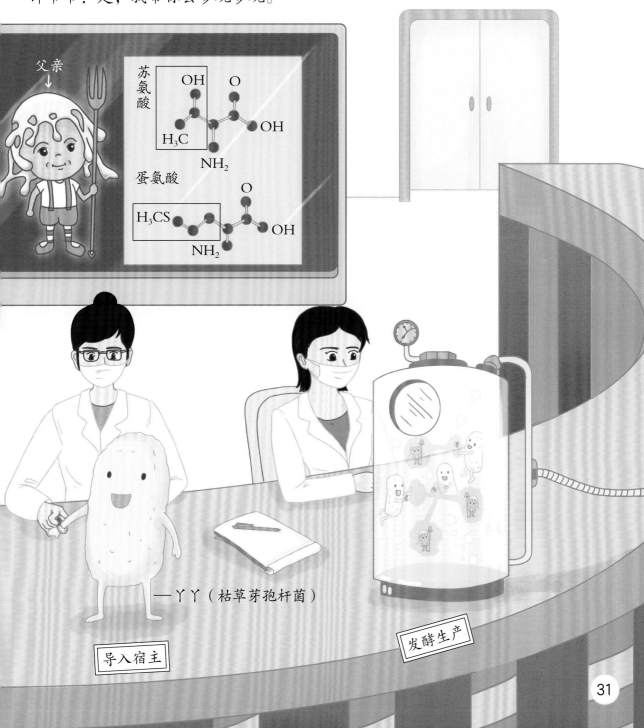

精密的细胞工厂

　　谭爷爷和新叶乘坐纳米飞船通过细胞孔径，进入枯草芽孢杆菌细胞工厂，看到各种功能酶正在有序地生产纳豆激酶。

新　叶：好厉害，丫丫是怎么生产出这么多纳豆激酶的？

谭爷爷：经过改造后的魔幻手环首先随着丫丫的生长一起大量复制，携带的遗传信息经过转录翻译，最终在核糖体中合成大量的纳豆激酶。

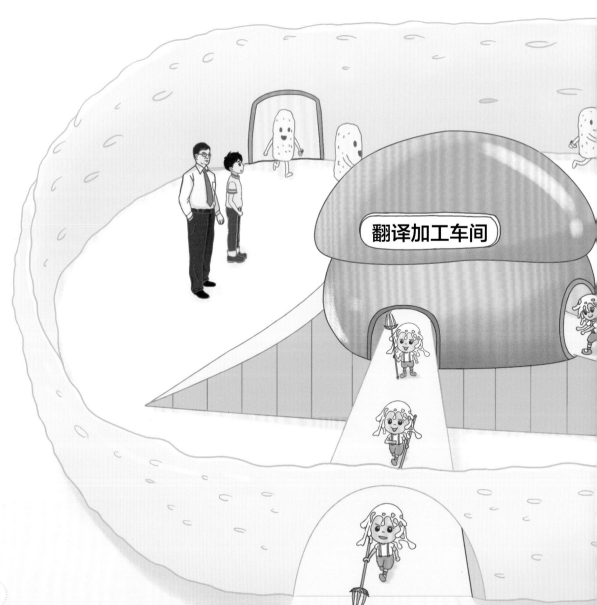

新　叶：那纳豆激酶如何发挥作用呢？

谭爷爷：走，爷爷带你去看一看。

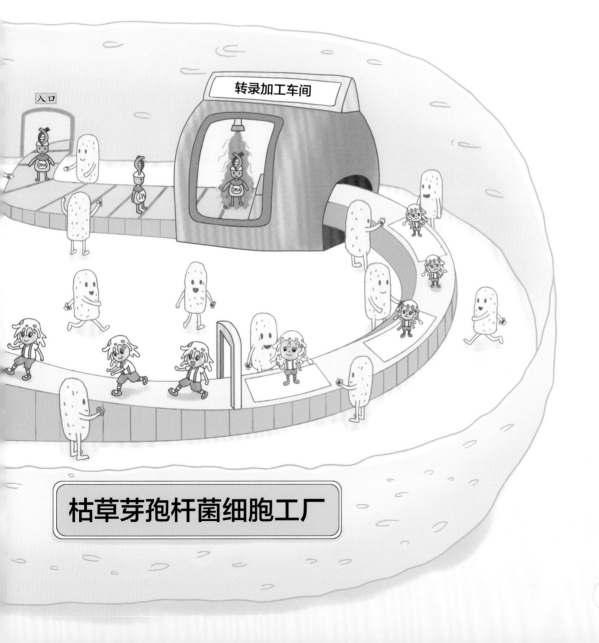

枯草芽孢杆菌细胞工厂

神奇的蛋白质分子

谭爷爷带着新叶来到刚吃过药的患者体内，看到许许多多的纳豆激酶开着汽车，行驶到血管堵塞的地方。

心脏

新　叶：纳豆激酶好厉害啊！

谭爷爷：是的，纳豆激酶具有溶解血栓、降低血液黏度、改善血液循环、软化血管、增加血管弹性的作用，是治疗血栓性疾病药物的主要功能成分。

新　叶：它们通力合作，一定可以治好血栓的。

畅通无阻的血管

　　经过纳豆激酶的努力，斑块终于被清除干净了，血液流动恢复正常了，爷爷奶奶们的行动也正常了。新叶兴奋极了。

新　叶：谭爷爷，您看！血栓都不见了。

谭爷爷：是啊，这都要归功于豆豆的努力。

新　叶：嗯，我一定好好学习，长大后也为大家的健康生活贡献出自己的一份力量。

科普小讲堂

　　蛋白质工程是指以蛋白质的结构为基础，利用基因工程的手段，定向改造天然蛋白质，甚至创造新的、具有优良特性的蛋白质的过程。

4. 招贤纳士，壮大队伍

文/张晨昊　夏小乐

图/赵义文　刘国胜

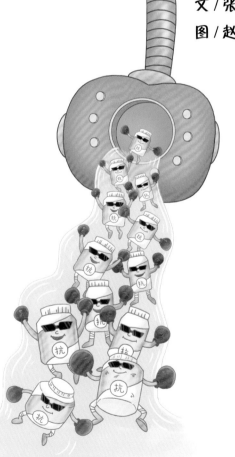

妈妈生病了

　　周末，新叶和妈妈参观博物馆回来后，妈妈感觉喉咙有点痛。不久，她就开始打喷嚏、咳嗽。于是，新叶去找谭爷爷来帮忙。

新　叶：爷爷，您快帮帮妈妈。

谭爷爷：别急，让爷爷看看！新叶，你妈妈可能是呼吸道被感染了。别担
　　　　心，这是一种常见的疾病。

新　叶：是那些细菌坏蛋在作怪吗？

谭爷爷：是的！这些在和免疫细胞打架的坏蛋们叫作肺炎链球菌，是它们
　　　　侵染呼吸道，导致喉咙痛与咳嗽。不用着急，青霉素战士可以来
　　　　帮忙。

青霉素战士大战细菌坏蛋

只见谭爷爷大手一挥，一群青霉素战士争先恐后地冲向肺炎链球菌，和免疫B细胞携手，将原本彼此紧密相连的坏蛋分隔开，再逐个击破并杀死。不到半天时间，肺炎链球菌就被全部杀灭，新叶妈妈也恢复了健康。

青青（青霉素）

新　叶：这些厉害的战士们就是青霉素吗，它们是从哪里来的呀？

谭爷爷：走，爷爷带你去看看它们的前世今生。

抗生素战士的首次发现

爷爷带着新叶乘坐时光机穿越到 20 世纪初英国的一间实验室，只见一位身着白大褂的教授在窗边观察着手中的培养皿。

谭爷爷：抗生素的发现可以追溯到 20 世纪初，英国一位名叫亚历山大·弗莱明的教授，他在一次实验中无意把一块带有细菌菌落的培养皿放在窗台上。不久以后，培养皿上长出了一团青绿色的"梅花"，其周围区域的细菌很少。

新　叶：为什么这团"梅花"周围没有细菌生长呀？

谭爷爷：因为这团"梅花"中生长着青霉菌，它可以分泌出某种化学物质，导致周围的细菌死亡，后来人们把这种物质命名为青霉素。这也是人类历史上发现的第一个抗生素战士。但是早期青霉素难以获得，爷爷带你去看看为什么。

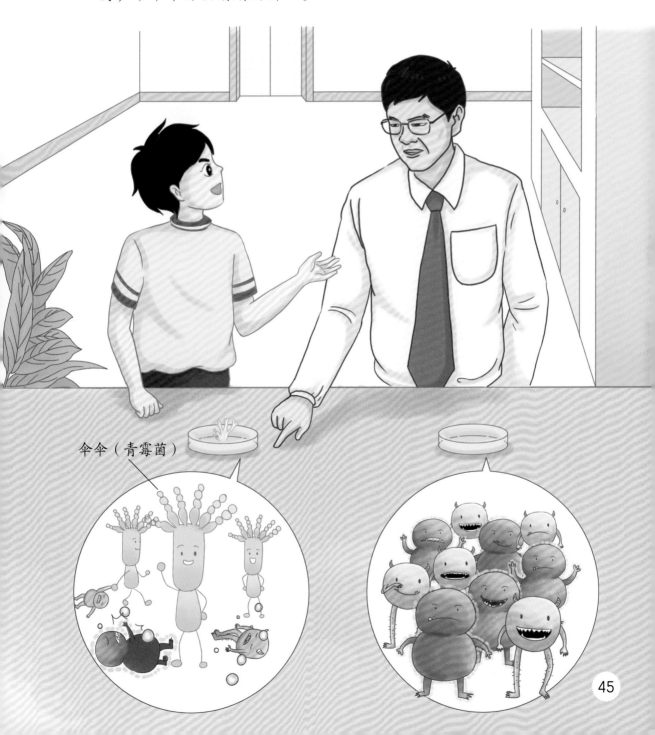

伞伞（青霉菌）

发酵法生产青霉素

谭爷爷带新叶来到了青霉素生产车间，参观发酵法生产青霉素。

青霉菌发酵罐

新　叶：爷爷，为什么发酵罐里有这么多青霉菌呀？

谭爷爷：因为青霉菌的生产能力有限，所以需要大量培养，才能生产足够的青霉素。

新　叶：这些青霉素战士怎么看起来脏兮兮的呀？

谭爷爷：利用发酵生产出来的青霉素战士中，会有很多杂质，药效不好。

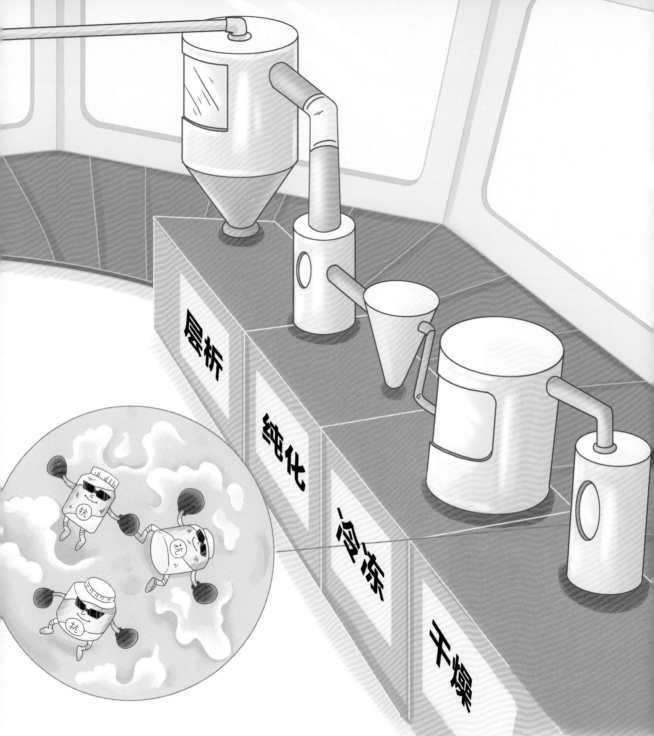

新　叶：爷爷，角落那个瘦瘦巴巴的战士，能打得过细菌坏蛋吗？

谭爷爷：10个这样的小战士也打不过1个细菌坏蛋。利用发酵生产的青霉
　　　　素小战士合格率不高，是不能用来治病的。

新　叶：那怎么办呢？

谭爷爷：我们可以利用固定化酶技术生产青霉素。走，我带你去看看！

生产青霉素的糖果屋

　　谭爷爷又带新叶来到了固定化酶工厂，看到空中固定着许多像糖果一样的机器。

新　叶：爷爷，这些像糖果一样的机器是什么呀？

谭爷爷：它们是用来固定酶的糖果屋，科学家首先从青霉菌身上分离出来能够生产青霉素的酶，再把酶固定在糖果屋里。

新　叶：爷爷，为什么要把酶固定在糖果屋里呢？

谭爷爷：因为这样酶就可以在固定的工作站工作，更加稳定，还能反复被利用，更容易与底物接触。此外，由于它是固定的，也更容易与产物分离。这样产物中的杂质含量就会大大减少，产物更纯。通过这种技术，我们就能显著提高青霉素战士的生产速度和效率。

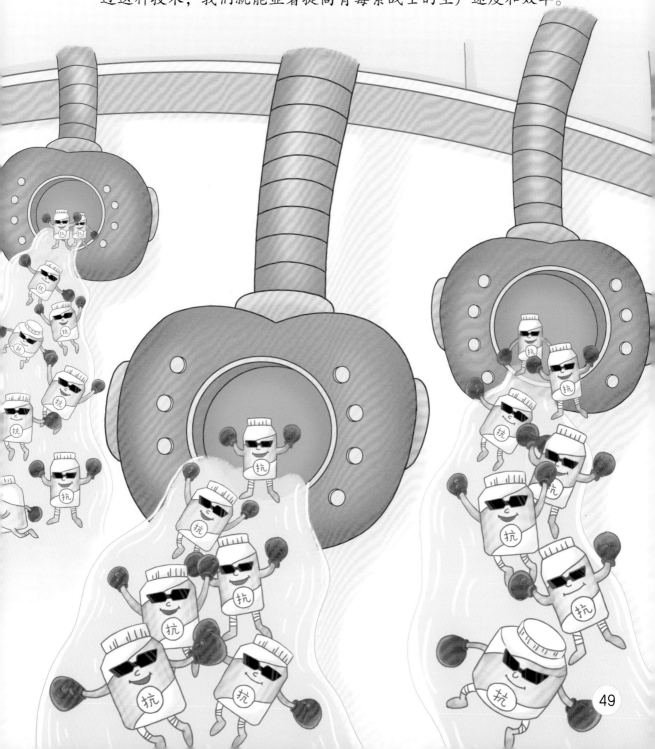

科普小讲堂

固定化酶技术是 20 世纪 60 年代发展起来的，利用固体材料将酶束缚或限制在一定区域内进行催化反应的一类技术。与游离酶相比，固定化酶具有稳定性高、分离回收容易、可多次重复使用、操作连续可控、工艺简便等一系列优点。